■ 中华经典家风故事 ■

孝亲敬老

李 芳 — 编著

新疆科学技术出版社

**图书在版编目（ＣＩＰ）数据**

孝亲敬老/李芳编著.乌鲁木齐:新疆科学技术出
版社,2023.5(2024.12重印)
（中华经典家风故事）
ISBN 978-7-5466-5376-1

Ⅰ.①孝…　Ⅱ.①李…　Ⅲ.①家庭道德—中国—
通俗读物　Ⅳ.①B823.1-49

中国国家版本馆CIP数据核字(2023)第097629号

| 策　　划 | 龚　琰 |
| 责任编辑 | 王　玮 |
| 责任校对 | 高沙丽·努拉力别克 |
| 装帧设计 | 杨筱童 |

中华经典家风故事
## 孝亲敬老

| 出版发行 | 新疆科学技术出版社 |
| 地　　址 | 乌鲁木齐市延安路255号 |
| 邮政编码 | 830049 |
| 电　　话 | （0991）2870049　2888243 |
| 印　　刷 | 永清县晔盛亚胶印有限公司 |
| 版　　次 | 2023年5月第1版 |
| 印　　次 | 2024年12月第3次印刷 |
| 开　　本 | 787mm×1092mm　　1/16 |
| 印　　张 | 5.75 |
| 字　　数 | 50千字 |
| 定　　价 | 28.80元 |

# 目录

舜的故事

舜父瞽叟盲，而舜母死，瞽叟更娶妻而生象，象傲。瞽叟爱后妻子，常欲杀舜，舜逃避；及有小过，则受罪。

——《史记》

舜名叫重华，是黄帝的后裔。他的父亲名叫瞽叟，是个盲人。

　　舜的母亲死得早，瞽叟又娶了一个妻子，生了一个儿子叫象。瞽叟偏爱后妻生的儿子象，时常加害舜。尽管如此，舜还是每天小心地侍奉着他的父亲、继母和弟弟，不敢有丝毫懈怠。

　　有一次，父亲让舜爬上仓库修补房顶，自己却在下面放火焚烧仓库。最后，舜用斗笠护着身子从房顶跳下逃走，幸免一死。

　　又有一次，父亲让舜去挖井，并趁他在井下时和继子象一起用土和石块填井，意图除掉舜好瓜分他的财产。然而，正当象安坐在舜的屋中弹琴时，舜却意外地出现在他面前——原来，聪明的舜在挖井时就已在井里挖了一个通道，当盲父和象下毒手时，他便从旁边的通道逃生了。象见舜还活着，吓得面如土色，只好搭讪着退出了舜的房间。

舜认为是自己哪里做得不够好，才让父母生气，于是更加细心检省自己的言行，想办法让父母欢喜；他包容弟弟，认为是自己没有做出好的表率，才让弟弟的德行有所缺失。人们看他小小年纪就如此懂事，都很感动，对舜非常敬重。

尧帝听说后，对舜很是钦佩。他让舜主管百官，代替自己管理天下。通过近二十年的考察，尧帝终于下了决心将权力交给了舜。

舜即帝位后，广泛征求大臣的意见，惩罚奸佞，举贤任能。他还启用禹子承父业去治理洪水，后来效法尧帝，将帝位禅让给了禹。

舜当了天子后仍经常去看望曾加害自己的父母和弟弟，他的一生，是仁孝开明的一生，对中华民族淳厚民风的形成起到了至关重要的作用。

　　家是最小国，国是千万家，一个个家庭的团结和睦是国家、社会稳定的基础。舜没有以常人之思维去憎恨父亲和弟弟，维护了家庭和睦，可以说这是舜的"大孝"。舜的孝悌行为，不但利于家庭，也利于国家。

郯子扮鹿取乳

周郯[tán]子，鲁人，史佚其名，天性至孝。父母年老，俱患双目，思食鹿乳而不得。郯子顺承亲意，乃衣鹿皮，去之深山中，入鹿群之内，取鹿乳以供亲。猎者见而欲射之，郯子具以情告，乃得免。

——《二十四孝》

东周时期，有一个贤人叫郯子，是鲁国人。郯子的父母年纪都大了，并患有严重的眼病，听人说喝鹿乳能治眼病，他们就让郯子想办法寻找，可是市场上一时半会儿也买不到鹿乳。郯子决定自己去深山里寻找鹿乳，可深山里的鹿一见到人，就一溜烟儿地逃走，根本就没法靠近。为此，郯子非常焦急，他心里常常想着这件事，想来想去，竟然想到一个主意：

　　如果我能扮成鹿的样子，不就可以接近母鹿取乳了吗？

怎样才能扮成鹿的样子又不被察觉呢？郯子经常去深山观察鹿群，观察小鹿围着母鹿吃奶的情形，也观察鹿群嬉闹玩耍的样子。过了几天，郯子心里有数了。他找来一张鹿皮披在身上，还在头上安了假角，然后趴在地上左蹦右跳的，远远看去，像极了一头顽皮的鹿。郯子就这样扮成鹿，学着鹿走路的样子，学着鹿"呦呦"鸣叫，混进了鹿群中，取母鹿的乳汁给父母治病。

　　有一次，混在鹿群中的郯子忽然发现林中有一支箭正瞄准自己，顿时意识到，那是猎人的箭，猎人并不知道他是一只假鹿。慌忙中他赶紧站起来，迎着利箭大喊："别射，别射，我是一个人啊！我是来取鹿乳回去给父母喝的。"猎人仔细一看，原来真的是一个人，于是，他放下了手中的箭。

　　猎人说："你这样做太危险了，别的猎人看到了会以为你是鹿而射伤你的，快回家吧，以后不要再来了。"

郯子听了后难过得掉下眼泪："可是没有鹿乳，我父母的眼病就好不了，他们该多失望啊……"猎人这才明白他扮鹿的原因，决定帮助这个孝顺的孩子。原来猎人前不久猎得一只母鹿，圈养在家里，刚生完小鹿的母鹿奶水充足，每天可以多挤出一些给郯子。就这样，郯子的父母连续喝了一段时间鹿乳，眼病果然好转。从此，郯子扮鹿取乳的孝顺故事也成为千古佳话，流传至今。

## 小典故 大事理

文中的郯子，为了给父母治病，可以冒着生命危险进入深山，披上鹿皮，混进鹿群，他的胆识和智慧令人钦佩。百善孝为先，即便是小孩子，不能为父母做很多事情，但也可以从一点一滴的小事上去感恩父母，孝敬父母，最终成为一个像郯子一样有孝心的人。

闵子骞孝母

闵损，字子骞，早丧母。父娶后母，生二子，衣以棉絮；妒损，衣以芦花。父令损御车，体寒，失绁。父查知故，欲出后母。损曰："母在一子寒，母去三子单。"母闻，悔改。

闵氏有贤郎，何曾怨晚娘？尊前贤母在，三子免风霜。

——《二十四孝》

闵损，字子骞，春秋时期鲁国人，是孔子的学生。他的父亲是一个商人，他家在当地也算一个富户。谁知天有不测风云，人有旦夕祸福，闵子骞年幼时，母亲不幸去世了。父亲一边要照料孩子，一边还要经商，万般无奈，又续一房。婚后，夫妻关系很好，继母对闵子骞也百般疼爱。可是好景不长，继母很快又生了两个儿子，父亲十分高兴。渐渐地，继母对闵子骞没那么好了，经常训斥、打骂他，但是闵子骞却依然很孝顺，对两个弟弟也十分疼爱。父亲慢慢有所察觉，他劝说妻子，并把闵子骞送到学堂读书。闵子骞天性聪明，学习又十分刻苦，十二岁就成了当地有名的小才子，深得孔子喜爱。

　　冬天快到来的时候，继母开始为孩子们准备御寒的棉衣。家里棉絮有限，看着年长的闵子骞和两个年幼的儿子，继母不由得产生了私心，给亲生儿子的棉衣里装满了棉絮，给闵子骞的棉衣里却装满了芦花。表面上看，棉衣都饱满厚实，没什么区别，但是芦花棉衣到了冬天可是一点也不御寒。

转眼，寒冷的冬天到来了。闵子骞和两个弟弟跟着父亲驾车外出。父亲命年长的闵子骞驾车，天太冷了，闵子骞冻得缩成一团，手哆嗦着抓不住缰绳。

　　父亲看着很生气，说："你们都穿着厚厚的棉衣，你却如此不禁冻，还不如两个弟弟。"

　　闵子骞不知说何是好，只能尽力用颤抖的双手努力抓握缰绳，结果缰绳还是从冻僵的手指里滑落，马车也停靠在了路旁。

　　父亲看着心生怒气，扬鞭打在闵子骞身上。棉衣被抽破了，只见白花花的芦花飞扬出来。寒冷的天气里，父亲看着闵子骞瘦小的身躯和破损的芦花棉衣，什么都明白了。他转身就要回家休掉狠心的继母。

两个弟弟吓得哇哇大哭，闵子骞眼含热泪拼命阻拦父亲。他跪在父亲面前，求情道："爹爹，不要啊……今日母亲在，只有我一个人受苦，若赶走母亲，那两个弟弟就和我一样没人照顾，三个孩子都将挨饿受冻。"

闵子骞的话感人肺腑，父亲、继母和两个弟弟都被感动得声泪俱下。

小典故
大事理

闵子骞面对继母的虐待，没有抱怨，没有向父亲告状，也没有报复，他所想到的只是家庭完整，只是两个弟弟不要再重复自己的苦难。至诚的孝心让他的父亲倍感欣慰，熄灭怒火，也让他的继母心生惭愧。闵子骞的大爱胸怀使他孝悌兼具，成就了其在中华孝文化史上的典范。

董永葬父

汉董永，家贫。父死，卖身贷钱而葬。及去偿工，途遇一妇，求为永妻。俱至主家，令织缣三百匹乃回。一月完成，归至槐阴会所，遂辞永而去。

——《二十四孝》

说到董永，大家很容易就想到董永和七仙女的传说，却不知道，传说背后其实是一个孝亲敬老的故事。

　　汉代有一个人叫董永，小时候母亲去世后，他就和父亲一起生活，因避兵乱迁居到安陆（今属湖北）。每次他到田里干农活时，就用小车载着父亲，以便时刻陪伴父亲。后来父亲亡故，董永没有钱安葬，只好以身作价向地主借钱换取丧葬费用。董永的事情被七仙女知道了，她被董永的忠厚老实所打动，不由产生了爱慕之心。

丧事办完后，董永便去地主家做工还钱，履行自己的职责。正巧路上遇到一个貌美的女子，那女子正是七仙女变的，称自己是孤苦伶仃一人，欲与董永结为夫妻。董永见事情来得突然，又想到自己家贫如洗，还欠地主的钱，不肯答应。他告诉女子，自己家里穷，父母双亡，自己还要为地主做长工。那女子却说她不爱钱财，只在意他人品好。董永和女子便在槐树下叩拜天地，结为夫妻。随后他们一同来到地主家，地主说："这钱是我送给你的。"董永说："承蒙您的恩惠，家父得以安葬。我一定尽力干活，回报您的恩德。"地主说："那就让你的妻子给我织三百尺细绢吧！"于是，董永做工，董永的妻子给地主家织绢。只见那女子心灵手巧，织梭如飞。她昼夜不停地干活，仅用了一个月的时间，就织了三百尺的细绢，还清了债务。

在他们回家的路上，走到槐树下时，那女子突然辞别了董永，她说："我本是天上的仙女，因为你对父母非常孝顺，天帝便命我来协助你还债。"说完便凌空飞去。有诗颂曰：

葬父贷孔兄，仙姬陌上逢。织缣偿债主，孝感动苍穹。

**小典故**
**大事理**

董永卖身葬父孝感天地，激励着一代代中华儿女将悠久的孝文化发扬光大。人们敬佩卖身葬父的董永，给董永的故事增加了仙女相助的美好传说。孝顺要从小做起，从现在做起，从身边小事做起。不要等我们长大了再去孝顺，也不要等父母年纪大了再去孝顺，更不要等父母卧床不起时再去孝顺。

王祥卧冰求鲤

母常欲生鱼,时天寒冰冻,祥解衣,将剖冰求之,冰忽自解,双鲤跃出。

——《搜神记》

王祥很小的时候，母亲就去世了。后来，父亲就为王祥找了一位继母，小王祥在继母的照顾下一天天长大。可是，自从弟弟王览出生后，王祥就感觉到继母对自己的态度有了变化。"给弟弟用的尿布还没有洗干净吗？""天都这么晚了，还不去做饭？""动作慢腾腾的，变得越来越懒了！"王祥的家里总是传出继母不耐烦的斥责声。就连父亲都好像受到继母的影响，对王祥也不怎么疼爱了。王祥难过了好一阵子，可善良的他还是尽心竭力地孝敬继母，帮继母干活。邻居们有些看不过去了，问他说："你继母这样对你，你还这么听话、这么孝顺，心里不委屈吗？"王祥憨憨地笑着说："母亲太累了，她有时候心情不太好，我应该多帮帮她，更加孝敬她才对啊！"

　　日子就这样一天天过去了，继母年龄越来越大，身体渐渐虚弱，但王祥却更加孝敬继母。他常常对弟弟说："母亲身体越来越不好了，咱们要尽量让她高兴，替她分忧啊！"在王祥的影响下，弟弟王览也成为一个孝悌之人。

　　一个冰雪天里，王祥伫立在岸边，眉头紧锁，紧紧盯着那条被冰雪覆盖的小河。"母亲生病卧床好几天了，今天突然想吃鲜鱼。我怎么才能给母亲弄到鲜鱼呢？"一番思索后，王祥跃到冰上，几番踩踏，终于选中一块地方，清理干净覆雪后，他拿起手里的工具，奋力凿向冰面。渐渐地，冰面有了裂痕。王祥紧张地盯着冰面之下。忽然，碗口大的地方涌出了河水，两条鲤鱼跃出水面，在冰上活蹦乱跳。王祥兴奋极了，完全顾不上自己已经快要冻僵的身体，脱下外衣，兜着两条鱼飞奔回家……

　　王祥做官之后，无论在哪个职位上，都高洁清廉，尽心竭力为百姓做事，为朝廷分忧。晋武帝司马炎建立西晋王朝之后，拜王祥为太保，并评价王祥"德行高尚，是兴隆政教的元老"。王祥去世之后，司马炎痛心万分，下诏要"为他哭一场"。

　　王祥慈乌反哺，以至纯之性、至孝之心对待家国，为后世所景仰。

　　王祥对继母非常宽容，并没有因继母以前对自己不好而耿耿于怀。我们也要学会宽容父母的小过错，原谅父母的不完美，懂得感恩。让我们用实际行动去孝敬父母：为父母端上一杯热茶，时常给父母洗洗脚、捶捶背，多为父母做一些力所能及的事情，尽自己最大的孝心，把"百善孝为先"的传统美德发扬光大。

汉文帝亲尝汤药

前汉文帝，名恒，高祖第四子，初封代王。生母薄太后，帝奉养无怠。母长病，三年，帝目不交睫，衣不解带，汤药非口亲尝弗进。仁孝闻天下。

——《二十四孝》

汉文帝刘恒是汉高祖刘邦的第四个儿子。刘恒在位期间以仁孝治天下，不仅推行仁政，还十分重视孝道。

汉文帝继位之后，作为皇帝的他虽然因处理朝政日夜繁忙，但仍然在很多事情上亲力亲为，特别是对待其母薄太后。他的母亲薄姬在宫中的地位一直不高，直到儿子刘恒当了皇帝后才有所改变。不料汉文帝继位没过多久薄太后就生了重病，三年都没有好转，身体一直处于虚弱的状态。汉文帝每日忧心忡忡，虽日理万机，但在侍奉母亲方面从不懈怠。他请来名医为母亲诊治，又从医生那里要来汤药的方子，每日亲自为母亲煎药。汤药未好，汉文帝便一直在旁守候，每日都要花上好几个时辰。汤药熬好了，他先是亲口尝一尝，看苦不苦，烫不烫，然后才放心地让母亲服用。如果汤药太苦或者太烫，他都会调整后再给母亲服用，大家为此都十分感动。

除此之外，汉文帝只要有空就守在母亲身边，关心母亲的近况，同时观察母亲的症状是否有所缓解。每晚只有在母亲熟睡之后，汉文帝才衣不解带地趴在旁边小睡一会儿。

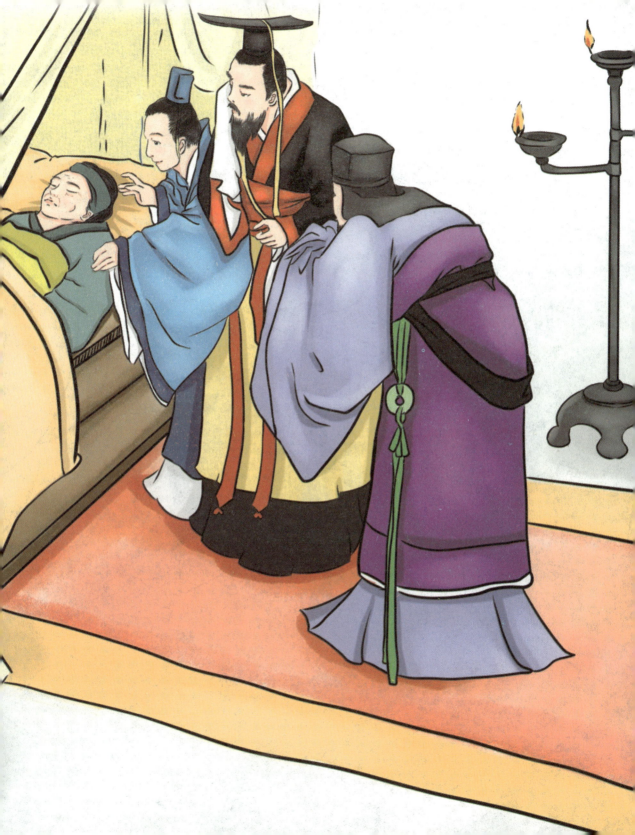

对汉文帝来说，宫中能服侍母亲的人虽多，但还是有很多事情不能由别人代劳。因为母亲过去多年为他辛劳付出，如今无人能取代他对母亲的一片孝心。他希望能为母亲多做一些，给她更多的关心与安慰。

汉文帝每天需要处理很多政务，但即使是在这样繁忙的状态下，他依然能做到与母亲有关的事亲力亲为，可见是真真正正把"孝"放在了心里，也实践到了行动上。

汉文帝亲试汤药以及悉心照顾母亲的孝行传遍了天下，众人皆以汉文帝为榜样，积极地在父母面前行孝道。与卓著的政绩相比，汉文帝更为人所称道的是他的孝心。

小典故
大事理

汉文帝以一颗拳拳孝子之心，以侍亲尝药的孝行，为天下百姓做出了侍母报恩的榜样。每个人的成长都离不开父母的帮助，父母为我们做了那么多，我们有什么理由不去感谢他们呢？让我们用一颗感恩之心、一腔感激之情去报答父母为我们付出的伟大而无私的爱！

缇萦救父

文帝四年中，人上书言意，以刑罪当传西之长安。意有五女，随而泣。意怒，骂曰："生子不生男，缓急无可使者!"于是少女缇萦伤父之言，乃随父西。

——《史记》

淳于意，西汉临淄人，因其曾任齐国的太仓令，管理都城仓库，所以习惯上称他为仓公。

仓公早年跟随名医阳庆学医，阳庆将自己珍藏的《黄帝》《扁鹊之脉书》《五色诊病》等书传给他。三年后，仓公出师，四处行医。

仓公医术高明，又秉承老师阳庆的美德，济世救贫，不贪图名利，不讨好权贵，人品和医德都受到了好评。

由于求医者众多，而仓公常常外出看病，不在家中，所以，求医者常失望而归。汉文帝在位期间，有权势之人告发仓公，说他借医欺人，轻视生命。地方官吏判他有罪，要处仓公"肉刑"。按西汉初年的律令，凡做过官的人受"肉刑"必须押送到京城长安去执行。因此，仓公将被押送到长安受刑。

　　仓公没有儿子，只有五个女儿，临行时女儿们都去送父亲，相向悲泣。仓公看着五个女儿，长叹道："唉！生了几个孩子都不是男孩，遇到急难事，没一个有用的。"听完父亲的哀叹，十五岁的小女儿缇萦决定随父进京，一路照顾父亲的生活起居。临淄相距长安两千余里，一路上父女俩风餐露宿，尝尽人间辛酸。好不容易到了长安，仓公被押入狱中。为了救父亲，缇萦斗胆上书汉文帝为父求情，请求做奴婢替父赎罪。她这样写道："我的父亲为官，齐地的人都称赞他廉洁公正，如今犯了法，判了'肉刑'。我为受刑而死的人不能复生而感到悲痛，而受过刑不能再长出新的肢体，即使想改过自新，也没有办法了。我愿意被罚入官府做奴婢，用来赎父亲的罪过，让他能改过自新。"

汉文帝得知此事，十分同情这个姑娘，觉得她说得有道理，就召集大臣们，对他们说："犯了罪该受罚，这是没有话说的。可是受了罚，也该让他重新做人才是。现在惩罚犯人的方法既残酷又不合道德，哪里符合为民父母的本意？你们商量一个代替'肉刑'的办法吧！"

大臣们商议后，拟定了一个办法，把"肉刑"改用"打板子"。就这样，缇萦的至孝之心不仅救了父亲，也促使了"肉刑"的废除。

## 小典故 大事理

缇萦不但救了父亲，还替世人废除了"肉刑"，其胆略令人敬佩！对于我们来说，孝敬父母，回报父母，不必做一番惊天动地、轰轰烈烈的大事。我们只要从自身做起，从一点一滴的小事做起，就可以尽到我们对父母的孝敬之心。

小黄香温席扇枕

八

昔汉时黄香，江夏人也。年方九岁，知事亲之理。每当夏日炎热之时，则扇父母帷帐，令枕席清凉，蚊蚋远避，以待亲之安寝；至于冬日严寒，则以身暖其亲之衾，以待亲之暖卧。于是名播京师，号曰："天下无双，江夏黄香。"

——《黄香温席》

黄香是东汉时期江夏（今湖北省）人。他从小聪明好学，善写文章，当时流传有"天下无双，江夏黄香"这样的美誉。

　　然而，令黄香更出名的不只是他的才气，还有他的孝行。黄香小时候，家中生活很艰苦，在他9岁时，母亲就去世了，黄香十分伤心。在母亲生病期间，小黄香一直不离左右，守护在妈妈的病床前。母亲去世后，黄香对父亲也更加关心。

由于长期劳累和悲伤，黄香一直非常瘦弱、憔悴，但他始终如一地坚持孝行。

　　冬夜里，天气特别寒冷，农户家里又没有什么取暖的设备，大家都很难入睡。一天，黄香晚上读书时，感觉特别冷，捧着书卷的手一会儿就冰凉冰凉的。他想，这么冷的天气，父亲也一定很冷，他白天干了一天的活，晚上还不能好好地睡觉。想到这里，黄香心里很不安。为了不让父亲受冻，他读完书便悄悄走进父亲的房里，给他铺好被子，然后脱了衣服，钻进父亲的被窝里，用自己的体温温暖了冰冷的被窝之后，才招呼父亲睡下。就这样黄香用自己的孝敬之心，温暖了父亲的心。"黄香温席"的故事就这样传开了，街坊邻居人人夸奖黄香。

　　夏天到了，黄香家低矮的房子格外闷热，而且蚊蝇很多。到了晚上，大家都在院子里乘凉，尽管每人都不停地摇着手中的蒲扇，可仍不觉得凉快。夜深了，大家也都困了，准备睡觉去了，这时，才发现黄香一直不在这里。

　　"香儿，香儿。"父亲忙提高嗓门喊他。

　　"爹，我在这儿呢。"说着，黄香从父亲的房中走了出来。满头大汗，手里还拿着一把大蒲扇。

　　"你干什么呢，多热的天气啊！"父亲心疼地说。

"屋里太热，蚊蝇又多，我用扇子多扇一会儿，蚊蝇就跑了，屋子会凉快些，您好睡觉。"黄香说。父亲听后紧紧地搂住黄香，"我的好孩子，可你自己却出了一身汗呀！"

之后，黄香为了让父亲能休息好，晚饭后他总是拿着扇子扇蚊蝇，同时还会扇凉父亲睡觉的床和枕头，使劳累了一天的父亲能早些入睡。

后来黄香当上了以孝闻名，体恤百姓的好官。《三字经》中的"香九龄，能温席。孝于亲，所当执"，就是出自黄香的故事。

小典故
大事理

黄香侍奉父母的故事反映出一个孩子细致、纯真的孝心。其竭尽所能孝顺父母，成为后世学习的典范和榜样。真正的孝行大多都体现在平凡生活的细节之处。比如父母回家时，送上一双拖鞋，有空的时候，多陪父母聊聊天……其实，感恩父母，并不难。

九

朱寿昌弃官寻母

宋朱寿昌，年七岁，生母刘氏为嫡母所妒，出嫁。母子不相见者五十年。神宗朝，弃官入秦，与家人诀，誓不见母不复还。后行次于同州，得之。时母七十余矣。

——《二十四孝》

宋朝时有一个名叫朱寿昌的人，他步入仕途后为官清廉，政绩卓著。朱寿昌官任"通判"期间采取了很多措施治理当地水盗。这样一个为民除害的好官，突然辞官不做了，是什么原因呢？

　　原来，朱寿昌7岁那年，生母刘氏被赶出家门，从此朱寿昌失去生母之爱。他只能偷偷流泪，暗下决心，长大之后找回自己的母亲。然而成年后他因公务繁忙，寻亲的事情一再耽搁下来。

虽然一直不知道母亲的下落，但朱寿昌始终惦记寻找母亲的事情。每到一处为官，他都四处打听母亲的踪迹。宋神宗熙宁元年（公元1068年），朱寿昌出任广德知军，听人说他的母亲流落陕西一带，他便召集全家商量，噙着眼泪发誓，"如果母亲找不着，今生决不回家"，并刺血书写《金刚经》。从此他放弃高官厚禄，义无反顾，从广德动身，徒步到陕西一带，踏上了寻母之路。

此时的朱寿昌已进入天命之年，母亲也已步入古稀。母亲音讯已断五十余年，朱寿昌思念母亲，常以泪洗面。他走南闯北，翻山越岭，风餐露宿，苦苦访寻，每到一个村庄，凡有七旬刘姓老妪，他都要登门拜访。茫茫人海，寻母如同大海捞针，过了一年又一年，不知走了几万里，其孝心感天动地。功夫不负有心人，他终于在陕西同州（今大荔县）找到了朝思暮想的母亲，母子相见，抱头痛哭，朱寿昌跪在母亲面前，千言万语，倾诉着思念之情。刘氏已是白发苍苍，五十余年来，她饱经沧桑，受尽苦难，来到陕西后，嫁给一党姓农民，生有儿女。刘氏改嫁后的丈夫已经过世，朱寿昌便把母亲和几个弟弟妹妹接回原籍生活。一家人和和睦睦，其乐融融。

一日，母亲病重，朱寿昌便日夜守护在母亲床前，喂药喂汤，洗涤溺器，无微不至。几年后，母亲病逝，朱寿昌悲痛欲绝，并在墓前结草为庐，守孝三年。

程門立雪

至是,杨时见程颐于洛,时盖年四十矣。一日见颐,颐偶瞑坐,时与游酢侍立不去。颐既觉,则门外雪深一尺矣。

——《宋史》

　　杨时是北宋时期的哲学家，也是大学者程颢和程颐的学生。

　　有段时间，程颢和程颐在洛阳讲述儒家经典，在社会上影响很大，许多年轻人都慕名前来拜师，学习经典，杨时和游酢也在其中。他们二人不仅学习认真，还非常尊敬他们的老师。

　　后来，程颢去世了，杨时听说消息后十分悲痛，他在家中设立了程颢的灵堂哭祭，并向同学们发布书信讣告，把老师去世的消息告诉他们。

程颢去世后，杨时决定奔赴洛阳拜程颢的弟弟程颐为师。游酢也不辞辛苦，与杨时结伴而行。

　　时值隆冬，天寒地冻，浓云密布。杨时与他的学友游酢行至半途，突然刮起了大风，下起了鹅毛般的大雪。他们来到程颐家时，正巧程颐坐在炉旁打盹。杨时二人担心打扰老师，就恭恭敬敬地站立在窗前。

　　这时，雪越下越大，房屋也披上了洁白的衣裳。杨时的一只脚冻僵了，全身冷得发抖，但依然恭敬侍立。

程颐醒来后，从窗户看见侍立在风雪中的杨时二人，只见他们浑身是雪，脚下的积雪已经一尺多厚了，赶忙起身迎他俩进屋。

程颐关切地询问："你们站了多久了？"

杨时说："学生也不知道站了多久，我们已经忘记了时间。"

程颐赶忙将炭火拉到他们身边，紧接着，耐心地给他们答疑解惑……

后来，杨时与游酢都成为知名的学者。杨时更是学得了"程门立雪"的真谛，东南学者推杨时为"程学正宗"，世称"龟山先生"。此后，"程门立雪"的故事就成为尊师重道、虔诚求学的千古美谈。

　　"程门立雪"阐明作为学生要尊敬师长，要学会谦恭受教，持之以恒，不可半途而废的道理。中国自古以来就有"尊师重教"的传统，这不仅仅是对师者的尊敬，更是对知识的尊敬。我们在学习中要以杨时为榜样，不仅要学习他虚心诚恳的求学态度，还要学习他尊师重道的求学精神。